DIY系列

DIY系列

路邊攤
流行冰品 DIY

目錄 Contents

涼麵 44

涼麵的最大特色就是那爽口味濃、芳香四溢的醬料囉！目前最流行的醬料調配，如日式、川式、台式、泰式、韓式…等口味，都可以依自己喜好調製……

蓮子湯 50

蓮子是採自荷花蓮蓬裡的果實，含蛋白質碳水化合物，具有健脾胃、補腎及增肥的功效，還可強筋骨、除寒濕，常被用來佐菜、烹茶、點心、也常被用來製作成中藥。一般而言，加入百合、雪耳、芋頭或山藥的蓮子湯都是相當受到歡迎的……

豆花 56

傳統風味的豆花，以純手工製成加上香濃鬆軟的花生，不論是冷食或熱食，都相當可口好吃。而要做出好吃的豆花，材料的選擇十分重要……

摩卡巧酥冰沙 62

冰沙好吃的秘密就在oreo餅乾，很多店裡的冰沙口味不同，主要原因就是放在冰沙中的巧克力餅乾不同……

芋頭牛奶冰 68

芋頭含有半纖維素、果膠與水分，可以促進腸內有益菌的繁殖，並將腐敗菌排出體外；還有一種獨特的黏汁以及糖分，可以保持身體溫暖；含氟量高可防齲、保護牙齒……

花生玉米冰 76

每天光是準備與烹煮材料，就可以花上一天的功夫，料好實在的冰品讓他拍著胸脯保證，絕對值回票價……

全台夜市吃透透 82

大排長龍的清涼美食，
教你在家輕鬆DIY

　　路邊攤文化在台灣由來已久，看似簡單方便的路邊攤，實則蘊藏了難以言語的風味，總是吸引著往來的旅客駐足品嚐，沈迷其色香味之中，於心頭烙下甜美的印記，即使沒有華麗的店面裝潢、精緻的碗盤羹匙襯托，它卻也能讓您的味蕾填滿幸福與飽足感，加上攤老闆親切的招呼，每每為我們的生活增添了享受與樂趣。

　　話雖如此，對於路邊攤的美食，許多人還是存在著小小的隱憂，那就是不夠衛生，「路邊攤」顧名思義就是在路邊搭個攤子賣東西，馬路邊車水馬龍、灰塵在空氣中四處飄散等等問題，尤其炎炎夏日更是許多疾病蠢蠢欲動之時，這些都成了遊客望而止步的重要關鍵之一。

　　有鑑於此，大都會文化為了服務讀者，讓讀者可以在家輕鬆做出衛生美味的路邊攤美食，特別將目前路邊攤的流行冰品集結成書，讓老闆親身動手做給

你看，不僅步驟詳細讓您一目了然，文字解說更是簡單、易懂，書中包括了「草莓牛奶雪片冰」「藍莓脆片優酪乳」、「泡泡冰」、「草莓牛奶冰」、「愛玉冰」、「涼麵」、「蓮子湯」、「豆花」、「摩卡巧酥冰沙」、「芋頭牛奶冰」、「花生玉米冰」等等當紅清涼美食。當您想吃卻又不想出門買時，就可以照著書中的詳細步驟，一步一步的做出您想要的路邊攤冰品，這樣不僅衛生，口味還可以因個人喜好而異，何樂不為！

　　想要在家做出如路邊攤般美味的小吃不再是難事，讓我們開始享受自己在家DIY的樂趣吧！只要照著本食譜按圖索驥，就能做出既「衛生」又「健康」、「經濟」又「實惠」的道地美味。

草莓牛奶雪片冰

雪片冰與一般雪花冰不同，因為冰塊製作方式不同，使雪片冰更為綿密。

這種利用牛奶或花生醬調製而成的特殊冰磚，藉由裝有特殊冰刀的刨冰機，將冰磚刨成一片片如雪片般的形狀，層層疊起就如同一座聳立的冰山，看起來就著實令人暑意全消！通常雪片冰以牛奶和花生等兩種口味為主，牛奶冰是用奶粉、砂糖和冰塊下去攪拌而製成的冰磚，而花生口味則是以市面上販售的花生醬再加上冰塊來調製。

而鮮紅芳香、柔軟多汁的草莓除了外表討喜以外，維他命C大約是蘋果的十倍左右，經常食用可養顏美容、滋潤肌膚、美白抗老化、增強抵抗力、防止牙齦出血，此外亦可以抵抗心血管疾病、預防感染流行性感冒！除了維他命C的含量豐富外，草莓還有可以消除宿便的纖維質，可以幫助排便正常，減少罹患直腸與大腸癌的危險，可真是美容又養身的聖品。從中醫的觀點來看，草莓性屬寒，具有潤肺止咳、解毒消炎、清煩除熱、益氣補血等功效。

鮮豔欲滴又含豐富維他命C的新鮮草莓，加上入口時綿密細緻的口感，夾帶著濃濃牛奶味的雪片冰，真是令人忍不住還要再來一盤呢！

我來介紹

「除了東西要講究真材實料之外，衛生條件也是需要注意的基本原則，一般傳統的冰店總是給人環境較髒亂的印象，為了顛覆這種印象，她相當注重店內環境的整潔。」

老闆娘：吳小姐

因為好吃所以賺錢

辛發亭

地址：台北市安平街1號
每日營業額：約二萬伍仟元

美味 DIY

《《 材料

自製刨冰的家用刨冰機，一般在家樂福、愛買或百貨公司即可買到，價錢從手動的2、3百元到自動的上千元不等。

製作草莓牛奶雪片冰時，必須知道的是，一般營業用的一塊牛奶冰磚份量約可做成10盤冰（如圖示），牛奶冰磚的材料為奶粉、砂糖、冰塊；草莓醬料要以新鮮草莓搭配草莓醬調製，酌量加上；最後適量淋上糖水即可。

項　　目	所需份量	價　格	備　　　註
奶　　粉	依1(奶粉):3(水)的比例製作		依等級不同，價格也有差別。
特級砂糖	可依各人喜好添加	一包約28元	
冰　　塊	酌量	自製	以冷開水放入冰箱冷凍庫即可，既方便又衛生健康
草　莓　醬	可依各人喜好添加	草莓一盒約四十幾元，依時價	以新鮮草莓搭配果醬自行調製
奶　　水	可依個人喜好添加		一般在賣場即可買到
煉　　乳	可依個人喜好添加	一罐約二十幾元	依品牌而有不同

註：價格依一般超商所販售之小包裝為主

《《 前製處理

　　加入奶粉、冰塊及砂糖，依適當的比例調配，再藉由攪拌方式調勻，將調置好的成品放進製冰模型中，再放入冷凍庫製成冰磚。

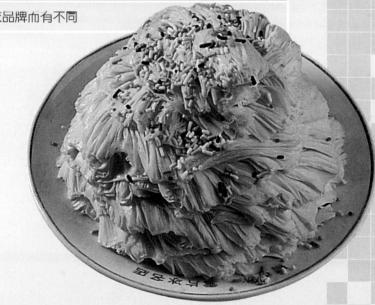

花生雪片冰「雪山蛻變」。牛奶加花生醬的雪片冰，花生濃厚的香氣特別誘人。

蜜豆冰的各種材料，包括紅豆、花豆、綠豆、湯圓、地瓜、蜜餞、脆皮花生7種配料，再搭配4種當季水果。

❀ DIY小秘訣

　　一般人若要在家中自行製作，不妨利以鮮奶調配適量砂糖，放入冰箱冷凍庫中冷凍，來製作簡單的牛奶冰。再將牛奶冰放進果汁機中攪拌或是用湯匙或其他工具，將牛奶冰攪碎，最後再淋上喜愛的果醬口味，簡略的製作方式，當然口感會不同，不過還是嘗得到濃濃奶香。

《《 製作步驟

1　將冰製好的牛奶冰磚，從模型中倒出。

2　製作完成的牛奶冰磚成品。

3

將牛奶冰放到特製的刨冰機上開始刨冰，刨冰時必須一手移動刨冰機的轉輪，一手托著盤子旋轉。

4

要刨出層層堆疊如雪山般形狀的雪片冰,是需要技巧的。重點在於托著盤子的一隻手,必須不時的轉動盤子,才能堆疊出聳立的形狀。依照此刨冰技巧刨出來的冰才會好看。

5 刨好的牛奶雪花冰。

6 在刨好的牛奶雪片冰上加入適量的新鮮草莓醬汁、煉乳和奶水。

7 在牛奶冰上淋上適量的糖水後,即完成草莓牛奶雪片冰。

藍莓脆片優酪乳

　　在全球一片有機飲食的風潮之下，在台灣也有愈來愈多人開始注重健康飲食的觀念，於是坊間一些強調有機食品的生機飲食店便如雨後春筍般的接連開幕。現今有許多人開始尋思回歸自然的飲食方式，雖然必須要付出稍微昂貴的成本，然而大多數到店中光顧的顧客基本上都有相當的環保概念，「無毒的家·有機生活小舖」便是基於這個理念所推出的有機餐飲店。其中「藍莓脆片優酪乳」除了所用的食材都是有機食品外，其受歡迎的程度更是不在話下喔！

　　藍莓又名「覆盆子」，原產地在美、加和歐洲，不僅能抗癌，還有保健的效果，除了含有預防夜盲症的維他命A，更含有一種稱為花青素的生物類黃酮物質，能強化視力，提高在暗處的辨明效果，對於腦、心血管疾病也有一定功效，常食用可活化腦細胞，並能預防手腳冰冷。另外藍莓的花青素對於人體的膠原蛋白有保護與強化的作用，可見多吃藍莓還可常保青春美麗抗衰老呢！所以藍莓不但是新世紀健康蔬果，還當選《時代雜誌》所推薦的十大健康食品之一！

我來介紹

「所謂『有機』,指的就是原始、原
味、實料,而真正的有機食品則要符
合土壤肥料飼料必須為有機,不得使
用殺蟲劑,或合成化學肥料、農藥。
此外,土壤還必須
休耕三年,不得以
基因工程改變生
長,以及必須經
過政府管制及認
證等條件。」

總經理特助與店長:蔡小姐、阿香姐

因為好吃所以賺錢

無毒的家,有機生活小舖

地址:台北市忠孝東路五段508-6號1樓
電話:(02)2726-2897
每日營業額:約一萬元

美味
DIY

《《 材料

　　以下所使用的材料皆為有機食品，在一般的有機商店或是藥房都買得到。約半瓶鮮奶的份量，加入3克左右的乳酸菌來製作優酪乳，而一些脆片及果醬則視個人喜好酌量加入。由於乳酸菌最喜愛的溫度為44℃，在這個溫度之下最容易製成優酪乳，所使用到的優格生成器則是能則是能保持加熱後的鮮奶維持44℃的恆溫。

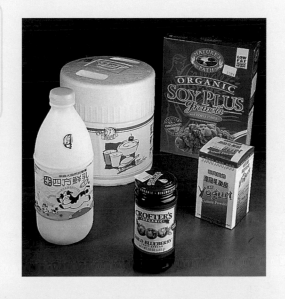

《《 前製處理

　　將加熱的鍋子及優格生成器先清洗乾淨。

項　　目	所需份量	價　格	備　　註
有機鮮奶	半瓶左右	1瓶65元	視季節不同而有波動
得意乳酸菌	3克	1罐600元	
有機燕麥爆米花脆片	酌量	1包200元	
有機藍莓果醬	一小匙	1罐180元	
優格生成器（或悶燒鍋）		300元左右	一般賣場或百貨公司可買得到

✿ DIY小秘訣

　　將500c.c.的鮮奶倒入
鍋中，以爐火或微波爐加熱
至44℃左右，再加入10至
20c.c.市售優酪乳，置於電鍋
保溫環境中4至6小時即可。

《《 製作步驟

1 在鍋中倒入半瓶
左右的鮮奶，開
始加熱到了44℃
時關火。

2 加入3克的乳酸菌
於鮮奶中，稍加攪
拌。

3 將攪拌好的鮮奶倒
入優格生成器的玻
璃瓶中。

4 將玻璃瓶放進保麗龍中。

5 蓋上保麗龍的蓋子，存放8小時。

6 經過8小時之後，優酪乳的成品完成了。

7 舀出適量的優酪
乳裝杯。

8 灑上適量的有機燕
麥爆米花脆片。

9 加上約一小匙的藍
莓果醬。

10

藍莓脆片優酪乳
完成品。

泡泡冰

　　相傳起源於宜蘭老火車頭的泡泡冰，如今在基隆廟口發揚光大。除了十餘種口味可供選擇外，香綿潤滑的泡泡冰，細緻的口感全來自於純手工。不假機器之手的泡泡冰，做法不難，但對於刨冰的厚薄及攪拌的技巧，卻是相當重視的，像是刨冰機的冰刀，要選擇夠鋒利的，才能將冰塊刨得夠細。而製作泡泡冰所使用的大碗公，碗的內面一定要粗糙不能上釉，因為粗糙的碗面在攪拌時會產生摩擦力讓碎冰與醬料容易融合，碗口也要大，才易方便攪拌。另外在配料的選材上也非常重要，為了配合泡泡冰綿密的口感，通常熬煮配料的過程是不可忽視的一環。例如雞蛋一定要新鮮；芒果及鳳梨從切塊到加糖、水熬煮；而芋頭除了熬煮外，更加入了香濃的牛奶 還有招牌口味的花生及花豆，從浸泡到煮成又鬆又軟 如此講究的冰品，怎能不令人食指大動呢！

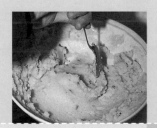

我來介紹

「做小吃這一行，要先能夠認同自己的產品，才會有信心推薦給消費者；而憑著良心做事，注重品質，更是基本的原則。因此，不論在工廠內或是攤位上，都十分注重乾淨衛生。」

老闆娘 沈太太及員工

因為好吃所以賺錢

地址：基隆廟口37號攤

電話：(02)2422-6857

每日營業額：約五萬多元

美味
DIY

《《 材料

　　雞蛋牛奶口味的泡泡冰，主要是新鮮蛋黃以及煉乳作為主料，加入碎冰，在大碗公內攪打製成。而草莓口味，則是以新鮮草莓醬加上煉乳及碎冰，攪打製成。

項　　目	所需份量	價　　格	備　　註
新鮮雞蛋	1顆	1盒32元左右	
草　莓　醬	一大匙	自製	以新鮮草莓搭配果醬調製
煉　　乳	一大匙	一罐約三十幾元，依品牌而有不同	
刨　　冰	一大碗	自製	用家用刨冰機，既方便又衛生

註：價格依一般超商所販售之小包裝為主

《《 前製處理

　　部分佐料的製作，需要先行調製，例如花豆則先需經長時間熬煮。

《《 製作步驟　雞蛋牛奶口味泡泡冰

1　倒入約一大匙的煉乳於大碗公內。

2　準備一顆生雞蛋，取蛋黃備用。

3　再將蛋黃放進大碗公內。

4

刨入適量的清冰於大碗公內，泡泡冰所使用的清冰一定要極細。

5

以鐵湯匙將大碗公內的細冰、煉乳、蛋黃均勻攪拌，用力攪打，力道需掌握好，且要一直攪拌到冰具有Q度為止。

6

將攪打完成的泡泡冰裝進容器內。

7

製作完成後的雞蛋牛奶泡泡冰成品。

✽ DIY小秘訣

　　泡泡冰所使用的冰厚度一定要夠細。此外，攪打泡泡冰的技巧也是一大重點，不過需要經驗累積喔！由於泡泡冰都是以純手工攪拌而成，一般人在家中利用機器製作，比較難做到相同的口感。一般市面上有販售小型的雪泥機，不過製作出的口感較稀，可能不若手工泡泡冰來得綿密。

《《 製作步驟　草莓口味的泡泡冰

1　加入一匙左右的草莓醬料於大碗公中。

2　加入一匙左右的煉乳。

3　刨適量的清冰於大碗公內。

4
用鐵湯匙將碗公內所有的佐料攪拌在一起。

5
開始攪打,要攪拌到冰具Q度時才算大功告成。

6
將完成後的草莓泡泡冰裝至容器內即可。

草莓牛奶冰

　　外型鮮紅嬌嫩，小巧可愛的草莓一直是許多女孩子的最愛，除了它外型討喜以外，嚐起來酸酸甜甜的滋味，就猶如談戀愛般的感覺，因此草莓一直是極受消費者喜愛的水果。草莓是屬於冬天的水果，主要的產季是12月中旬到翌年5月上旬，以2月中旬到4月下旬為盛產期，所以每到草莓盛產的季節，到水果攤販瀏覽一回，便可聞到濃郁甜美的草莓香

　　因為草莓算是高經濟價值的作物，台灣的氣候又容易滋生病蟲害，因此需要使用農藥來防治，由於草莓的表面凹凸不平，相對的農藥殘留的機率也較大。常常有許多人想吃草莓又因為農藥殘留問題而卻步。為了安全食用，可先將草莓放在濾籃內，用水沖洗後，加鹽浸泡5分鐘左右，之後再經5次左右輕輕得撥弄清洗，這樣一來可以去掉將近70%的農藥殘留。

　　接著將洗淨的草莓，擺在點心上使它更具可口性，或者來盤草莓牛奶冰吧！加上營養豐富的牛奶或煉乳，就是一道美味清涼的夏季冰品！

美味
DIY

我來介紹

「不管是芒果冰還是草莓冰，我們都首重產品的新鮮度，堅持食材絕對不隔夜，絕對給顧客最新鮮的口感。連草莓醬汁也是我依照新鮮草莓不同的甜度所特別調製出來的。」

老闆：羅同邑先生

因為好吃所以賺錢

永康冰館

地址：台北市永康街15號

電話：（02）2394-8279

每日營業額：約15萬元

《《 材料

香濃的草莓牛奶冰所需用材料有新鮮草莓、新鮮草莓醬汁、特調焦糖、煉乳以及奶水。將不同品種的草莓依適當比例調配，製成醬汁，再加入新鮮的切塊草莓，做成草莓醬料。焦糖糖水為店家自行熬製，通常一盤刨冰淋上一匙即可，而草莓醬料則覆滿一整盤刨冰，奶水、煉乳適量淋上。

項　　目	所需份量	價　格	備　　註
新鮮草莓	酌量	100元／盒	依市價
特製草莓醬汁	酌量		可以市售的草莓果醬代替
焦糖糖汁	1大匙	50元／包	以市售黑糖熬煮
煉　　乳	酌量	一罐約二十幾元	依品牌而有不同
奶　　水	酌量		一般在賣場即可買到

《《 前製處理

草莓醬料的處理是將各種不同品種的草莓依口感比例調製成新鮮醬汁。而加在清冰上的焦糖糖漿，可利用黑糖來熬煮就可以了，但在熬煮時記得要用小火，免得糖汁出現焦味。

冰館的另一項超人氣冰品——芒果冰

✻ DIY小秘訣

　　草莓醬汁是「永康冰館」的羅老闆藉由不同品種的草莓依比例調製而成，才能有甜度適中的最佳口感。若不知道怎樣調製特殊的草莓醬汁，用外面市售的草莓果醬代替也可以，加上新鮮的草莓顆粒、淋上奶水與煉乳，也是一盤好吃的草莓牛奶冰。

《《 製作步驟

1 　將冰塊利用市售的家用刨冰機刨成細碎的清冰。

2 　淋上自製的焦糖糖汁。

3 　將新鮮草莓切塊放進調製好的草莓醬汁中。

4 　在刨冰上淋上滿盤的草莓醬料。

5 淋上一匙煉乳。

6 淋上適量的奶水。

7

加上一球特製的芒果冰淇淋。在家自己吃可以看個人口味，也可以到外面買一桶香草冰淇淋或其他口味也可以，挖一球加在上面，吃起來的味道也同樣很濃郁、香醇。

8 完成後的超級草莓牛奶冰成品。

愛玉冰

　　愛玉含有豐富的果膠、果糖和葡萄糖，除了可以消暑之外，也有許多我們意想不到的功效，例如女性經前肝氣不順，溼熱內蘊，所造成的內分泌過於旺盛。建議可以在生理期來前喝一些薏仁湯、愛玉以及綠豆、仙草都可以，或是泡適量的玫瑰花茶飲用也有助益。而因為操勞過度與生活品質不當引起乾癬。除了要充足睡眠、飲食平衡以及減少壓力之外，食療方式就是綠豆和愛玉子，在夏天也是最恰當不過的！

　　另外，因為腸道蠕動減緩而有發生的便秘情形的人，建議要注意水溶性纖維的補充。水溶性膳食纖維有果膠、樹膠、植物黏膠、藻膠等類，除具有預防便秘功能外，亦可降低血中的膽固醇。而愛玉子含豐富的水溶性膳食纖維，可多加攝取。

　　夏天吃愛玉，不但清涼沁脾、消暑解渴且渾身舒暢！

我來介紹

「不同於市面上所販賣的那般過於透黃，我所使用的愛玉籽成本也所費不貲，每斤的價格絕對超過500元；再加上精心研發調配出來的糖水底，也是有別於一般小吃攤所調味的甜頭，這些都是『懷念愛玉冰』如此令人回味無窮、意猶未盡的原因。」

老闆：朱清泉

因為好吃所以賺錢

懷念愛玉冰

地址：台北市廣州街202號之1

電話：（02）2306-1828

每日營業額：1萬8千元

美味
DIY

《《 材料

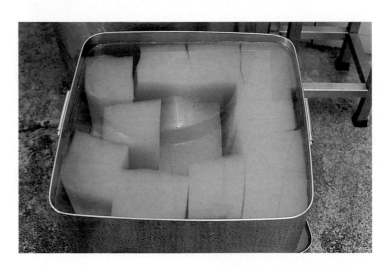

愛玉冰顧名思義最重要的就是愛玉籽，一般人可以在迪化街的南北雜貨販售店裡買到，不過在選擇產地時，是以嘉義一帶所生產愛玉籽，在質地上比較精純，不過愛玉籽也是相當有個性的一種植物，真正的好壞還是得憑經驗來分辨。

項　　目	所 需 份 量	價　　格	備　　　註
愛 玉 籽	1個	50～80元	依等級不同，價格也有差別。
二級砂糖	可依各人喜好添加	一斤約25元	
檸　　檬	數顆	1斤45元	切片
紗　　布	1條	10～20元	一般在西藥房即可買到

《《 前製處理

愛玉

製作愛玉凍時，須將愛玉籽包裹在紗布內，浸在冷開水裡用雙手輕輕搓揉，這個過程稱作「洗愛玉」。

（1）將適量的愛玉籽清洗乾淨。

（2）沾濕紗布後，用手輕輕搓揉，並擠出果膠，不要太過用力，約7-10分鐘左右，見容器內的水已呈膠稠狀，洗袋因搓擠會冒出氣泡，並感覺袋內果膠已很少時，將裝愛玉子洗袋取出後，搓洗即完成。洗時要注意水中不能有油性物質，也不能先加糖，否則無法結凍。

　＊　上述是比較傳統方式的製作方式，除此之外，也可用果汁機，打兩分鐘後再用紗布擠出。

（3）使用濾網去除愛玉凝膠中的雜質。

（4）將凝膠裝入適當的容器內等候凝固，大約需要10～20分鐘。

（5）凝固後可以選擇是否放置冰箱，但在2小時之內食用完畢，風味最佳。

糖水

(1) 在鍋中倒入適當的二級
砂糖,用小火拌炒,待
砂糖發出香甜味後加入
水攪拌。

(2) 加入少量的鹽,將糖的
甜味逼出,即成糖水。

愛玉的吃法很多種,除了加糖水,
還有果糖、檸檬、蜂蜜等吃法,加在其
他點心或冰品裡,也是很好的選擇。

《《 製作步驟

1　將洗過的愛玉搓揉後放置結凍。

2　將結凍的愛玉切成塊狀。

3　倒入水，利用水的浮力將愛玉凍分離。

4　還沒要吃的愛玉要記得浸泡在水中。

5　將要吃的愛玉取出，品質好的愛玉，會呈現QQ的狀態，而且不容易散開。

6　用刀子將愛玉切成容易入口的塊狀。（店家在此用的是格狀的分割器，為營業用的專業器具。）

✳ DIY小秘訣

愛玉籽的質地所結成的凝膠,是增加Q感的重要因素。
選擇愛玉子的三大關鍵如下:

(1) 要選皮削得愈薄透,從皮就可以直接捏到愛玉籽
   的才是上等貨。

(2) 愛玉子的皮和花呈完整狀,不能脫落。
   (脫落的愛玉膠質已退化,洗出的愛玉凝固後會
   爛爛的,好的愛玉1兩可洗出6斤愛玉凍,差的1
   兩只能洗出3斤,有的甚至洗不出來。)

(3) 要選擇愛玉花中是三層分佈的愛玉籽,通常這種
   品種大多為高山愛玉或野生愛玉居多。

(4) 台灣的愛玉籽多分布於中央山脈,其中以阿里山
   的品質最優;台東山上的愛玉洗出成黃金色;屏
   東山地的愛玉成褐色;有的愛玉成鎘黃看起來一
   點也不透明,則是因為加入了黃色粉調色,消費
   者要特別注意品質的優劣。

(5) 愛玉籽的保存期限約一年。

7　將切好的愛玉放入置滿冰
　塊的冰水中備用。

8　舀出適量的愛玉凍加入特
　製的糖水及少許的檸檬汁
　調味即成可口的愛玉冰。

9 好吃順口又清涼的愛玉冰
成品。

涼麵

夏季炎炎，常常令人吃不下飯 這時若來碗清爽的涼麵，除了令人胃口大開，吃飯時也不再汗如雨。

自己在家動手做涼麵，不但方便，做法也很簡單。涼麵最著重的食材就在於麵條及醬料兩部分了。除了在煮麵時火侯控制的技巧，像是撈麵的速度、何時要加水等等，會影響到麵條的Q度之外，乾麵本身在壓麵時所處的溼度及溫度也是影響麵條好吃與否的關鍵之一，因此煮好的涼麵也有一定的食用時間以維持涼麵的最佳口感。

而涼麵的一大特色就是那爽口味濃、芳香四溢的醬料囉！目前最流行的醬料調配，如日式、川式、台式、泰式、韓式…等口味，都可以依自己喜好調製。這些醬料市面上都有販售，買回來後可自行加水調配，份量依個人喜好斟酌，配料除了小黃瓜絲，也可加火腿、雞絲或豆干等。

我來介紹

「店裡的涼麵都是前一天晚上煮好，隔天一早就現賣，醬汁也是現場依顧客的口味來調製的。」

老闆、老闆娘：柳友梅先生及柳太太

因為好吃所以賺錢

柳家涼麵

地址：台北市光復南路21-1號

電話：（02）2763-4573

每日營業額：約一萬五仟元

美味 DIY

《《 材料

製作油麵時所需用到的材料為乾麵以及沙拉油，所用到的醬料則有麻醬、鎮江醋、辣椒醬、蒜汁、芥末等，這些醬料市面上皆有售，買回來後再自行加水調配，份量依個人口味斟酌；配料則有小黃瓜絲。

項　目	所需份量	價　格	備　　註
乾　麵	適　量	1斤約20元	跟固定的廠商批發
沙拉油	適　量	1桶約450元	依市價
鎮江醋	每盤涼麵約1大匙	1瓶約40元	依市價

《《 前製處理

　　在家自個兒製作涼麵，只要份量不多，用一般大小的鍋子及瓦斯爐即可，將水煮滾，放入一把左右的麵條，待麵條浮上來之後迅速撈起待涼。通常一、二人份的麵條只需一小匙沙拉油，不需太多，只要讓麵條均勻吸收到油份即可。

《《 製作步驟

❀ DIY小秘訣

　　煮麵時的技巧是影響油麵本身口感的主要原因,像是煮麵時加冷水的時間,撈麵的速度要快,起鍋後的麵條要不停翻動,經由冷氣、風扇來散熱,都是影響麵條口感的主要原因。

1　將新鮮的小黃瓜刨絲備用。

2　挑適量的涼麵在盤中。

3　加入些許的小黃瓜配料。

4　淋上一大匙左右的麻醬。

5 淋上一匙左右的蒜汁。

6 加入一小匙辣椒醬。

7

淋上適量的鎮江醋。（凡蒜汁、辣椒醬、鎮江醋等調味料,皆依個人口味酌量加入）

蓮子湯

　　蓮花自古在中國人心中就是象徵出污泥而不染的名士，蓮子更是具有豐富營養而經常成為一般市井百姓日常食用的材料。然而，蓮子調理的困難亦是廣為人知的，如何能適當地拿捏熬煮蓮子的火侯大小，而成功地端出一碗看起來清香撲鼻、嚐起來香軟滑Ｑ的蓮子湯，這可是不甚容易的一大學問呢！

　　蓮子是採自蓮蓬裡的果實，含蛋白質碳水化合物，具有健脾胃、補腎的功效，還可強筋骨、除寒濕，常被用來佐菜、烹茶、點心、也常被用來製作成中藥。一般而言，加入百合、雪耳、芋頭或山藥的蓮子湯都是相當受到歡迎的，尤其是山藥蓮子湯，採用日本的山藥所熬製，雖然價位較高，但是吃起來的口感也較佳。對於現代人越來越重視養生之道，蓮子湯這道自然營養的健康食品，正好能迎合其需求。

我來介紹

「我們家的蓮子，都是使用義大利快鍋來燜煮，嚐起來香腴軟Q，不會有鬆鬆軟軟的口感。」

老闆‧老闆娘：楊先生、楊太太

因為好吃所以賺錢

蓮記

地址：台北縣永和市豫溪街139號

電話：(02)8923-2561

每日營業額：約一萬元

《《 材料

項　　目	所 需 份 量	價　　格	備　　註
蓮　　子	半斤約可煮10碗	半斤50元左右	依品質等級不同，價格差距頗大
百合、枸杞、紅棗	酌　　量	百合1斤約90元，枸杞1斤約80元、紅棗1斤約50元	百合等配料與蓮子是分開烹煮，因此每次所煮的份量可依個人需要而定。

《《 前製處理

蓮子處理方式：

❖ 步驟1：

挑選出外型飽滿而大顆的蓮子，再利用瑞士刀將每顆蓮子的蓮蕊挑起。將蓮蕊挑起之後，煮出來的蓮子湯才不會有苦味。

❖ 步驟2：

用清水將蓮子清洗乾淨，順便再將挑好的蓮子做最後的刪選。

❖ 步驟3：

將蓮子浸泡約兩個小時。

百合處理方式:

❖ 步驟1:
用清水將百合洗淨,浸泡一個晚上的時間。

❖ 步驟2:
將浸泡過後的百合以小火煮開,待涼了之後備用。

❀ DIY小秘訣

　　煮蓮子也沒什麼特別的秘訣,重點就在使用的鍋子及時間的掌握。義大利快鍋厚度夠,不鏽鋼材質具有傳熱慢散熱慢的特性,特別適合用來煮蓮子,在烹煮時只要熟了就得立刻熄火,利用餘溫將蓮子悶軟,這樣煮出來的蓮子不會太爛,嚐起來還香腴Q軟呢!

《《 製作步驟

1

將浸泡好的蓮子放入快鍋中,以小火烹煮二十分鐘的時間即可關火,再悶約半小時左右。由於快鍋具有傳熱慢散熱慢的特性,因此不需煮太久就可熄火,利用快鍋本身的溫度來悶煮蓮子,之後在悶煮好的蓮子湯內加入適量的冰糖。

2 將煮好的蓮子以及其他的配料酌量分裝至碗中。

3 再加入適量的糖水湯頭。

4 完成後的百合蓮子湯成品。

豆花

「豆花～豆花～賣豆花」猶記得小時候，每當黃昏時巷口響起一陣陣豆花的叫賣聲，我就會引領而望──因為點心時間又到了！

經過不斷的研發，現在的豆花口味種類已多達十餘種，除了原味，還有可可、布丁、芋頭 等，再加上各式好吃的配料：花生、紅豆、綠豆、粉圓、薏仁、椰果、果粒、八寶…任君挑選。傳統風味的豆花，以純手工製成加上香濃鬆軟的花生，不論是冷食或熱食，都相當可口好吃。而要做出好吃的豆花，材料的選擇十分重要，老闆建議花生一定要用台灣本地的，特別是鹿港和雲林所產，挑選花生要注意形狀完整沒破損，而且不能有黑點，一定要確保新鮮度。至於製作豆花所需的黃豆，則都從美國進口，而且指定非基因改造的品種，不考慮台灣品種是因為台灣的黃豆多用於製作醬菜，若用來製作豆花，品質略遜一籌，上選的黃豆品質顆粒要飽滿、色澤要鮮豔、不能破損。其實好吃的豆花，做起來很簡單，在家裡也可以自己動手做。

我來介紹

「做生意最基本的要件是商品要有特色。」

第三代老闆：陳景新

因為好吃所以賺錢

忠孝豆花

地址：台中市忠孝路238號

電話：（04）2282-4927

每月營業額：約一萬伍仟元

美味 DIY

《《 材料

材料：5人份

項　　目	所需份量	價　　格	備　　註
黃　　豆	1.5斤	15元／台斤	
花　　生	10匙	20-30元／半斤	
砂　　糖	酌量	25元／台斤	
薑	酌量	一塊約十幾元	老薑嫩薑皆可

《《 前製處理

黃豆

1. 黃豆先泡水，夏天溫度高易壞，泡5小時，冬天可泡7-8小時，然後瀝乾，在家可使用一般果汁機將黃豆磨攪成漿，再用尼龍濾布將豆渣濾掉。

2. 將豆漿加熱至滾。

3. 煮豆漿的同時，將蕃薯粉、豆花粉調水拌勻，等豆漿降至85度時，加入調勻，放在室溫下10分鐘，即會凝固，豆花的部分就製作完成，冷藏備用。

註：濾豆渣用的尼龍濾布在迪化街或一般賣塑膠袋的商店即可購買得到，一塊約100元。

花生

將花生浸泡一個晚上再進行熬煮，熬煮時先大火滾沸之後再轉小火慢煮2～3小時，直到熟透為止。（視情況而定，以將其煮到軟為止）

❀ DIY小秘訣

市面現成的豆花粉容易帶苦味、澀味，加熱就會軟掉，提醒要慎選，可以去專業食品材料行問問看。烹煮時，溫度、濃度的控制最需要功夫，多試幾次就比較容易掌握到訣竅。

薑與糖水

把薑洗淨、打碎取其湯汁，再把湯汁煮滾。糖水部分則是水煮滾後加入砂糖再煮滾，糖水與薑汁比例可依個人喜好作調整。

《 製作步驟

1

盛入豆花。

2 加入,調好甜度的碎冰。

3 再加兩匙鬆軟香濃的花生,一碗道地的花生豆花就可完全解您的饞。

摩卡巧酥冰沙

　　關於諾曼咖啡的由來，據說三、四年年前，「諾曼咖啡」的老闆來到法國，在一個廣場上看到一個非常精緻的露天咖啡吧，且經過打聽，附近的人都知道這家的咖啡口味不錯，而這家咖啡吧的老闆名字就叫做Roman。也就是有了這樣的際遇，老闆想把這樣的感覺也帶回國內，於是在經過與國內設計師的溝通後，就呈現出目前諾曼咖啡吧的整個設計和外觀形象，且諾曼咖啡的製作方式也是研習法國的Roman而來喔。而諾曼咖啡的總店是在嘉義，後來進軍基隆，由於加盟金的低廉、加盟方式的簡易，產品又不複雜，且重要的可能還是諾曼能提供給消費者的咖啡和飲料品質，令人稱讚，但卻只有高級咖啡廳不到一半的價錢。因此，全台灣加盟店數更有了破百家的驚人成長。

　　劉琇娟老闆娘在做咖啡生意之前，是在珠寶公司門市做事，整天過著朝九晚五的日子，生活算是相當乏味。於是改行賣咖啡，其加盟的時間是91年4月間的事，老闆娘表示當初諾曼在台北這應該算是第一家店。

　　如果你並不想花很多時間到星巴克喝杯好喝但昂貴的咖啡，也不想喝下便宜但太難喝的咖啡，諾曼咖啡會是個不錯的選擇；而如果你想開一間咖啡店，卻沒有太多錢，只要你對賣咖啡這個產業沒有過度的幻想，又喜歡接近客人，那諾曼咖啡鐵定也會是一個好選擇。

我來介紹

「法國露天咖啡吧,味道香醇氣氛佳」

老闆娘劉琇娟

因為好吃所以賺錢

地址:台北市大安路1段51巷23號

電話:02-8771-3171

營業額:約32萬

美味DIY

《《 材料

有濃濃巧克力味和巧克力餅乾的冰沙,在夏日裡喝起來冰冰甜甜的非常幸福。

以一杯計

項　　目	所需份量	價　　格	備　　註
冰沙粉	適量	諾曼咖啡特調不外售	亦可以三合一咖啡粉代替,但需加一些奶精調整口感
咖啡豆	適量	200～1000／磅	依產地、等級不同,亦可以即溶咖啡代替
果糖	少許	50～80／瓶	依品牌不同
巧克力餅乾	2～3片	20～45元／盒	依品牌不同
鮮奶油	少許	50～100／瓶	依品牌不同

《《 製作步驟

1 將冰沙粉放入冰沙機中。

2 果糖放入冰沙機中。

3 巧克力餅乾1片放入冰沙機中。

❋ DIY小秘訣

　　這裡冰沙好吃的秘密就在oreo餅乾，很多店裡的冰沙口味不同，主要原因就是放在冰沙中的巧克力餅乾不同，因為oreo餅乾成本較高，很多商家都會選擇以較便宜的廠牌餅乾替代，當然諾曼特調的冰沙粉，則是別人無法取代的獨家秘方。

4 熱咖啡75cc放入冰沙機中。

5 適量冰塊置於冰沙機內。

6　將所有材料一起於冰沙機中絞碎。

7　在完成的冰沙上加上鮮奶油。

8　加上巧克力餅乾1片做裝飾。

芋頭牛奶冰

來盤芋頭牛奶冰吧！香綿軟Q的芋頭加上牛奶，滋味就像恩愛夫妻的感情，歷久一樣濃。

芋頭含有半纖維素、果膠與水分，可以促進腸內有益菌的繁殖，並將腐敗菌排出體外；還有一種獨特的黏汁以及糖分，可以保持身體溫暖；含氟量高可防齲、保護牙齒；此外，常吃芋頭還可以促進腸道健康，預防高血壓。由此可見芋頭可以說是營養又健康的美食。

但是好吃的芋頭吃太多之後卻容易胃脹，若是以適宜的烹調方法則可預防消化不良和脹氣產生。可以將芋頭久煮，也就是放極少量的水，長時間蒸煮，如此一來，芋頭所含的澱粉就變得比較容易消化，不會導致胃腸脹氣。

芋頭所含有特殊黏液，就是所謂的草酸鈣，據說可促進肝解毒，鬆弛緊張的肌肉及血管。在削芋頭皮時，手會發癢，也是此黏液在作怪。而去除芋頭黏液的方法，首先是先將芋頭削去皮後泡在水中，再用鹽搓洗後則會洗得更乾淨，去除黏液後再放入熱水中煮2～3分鐘效果更好。煮芋頭時如果不去除黏液而直接下鍋煮的話，芋頭會產生澀感，且不容易入味。

另外，有一個削芋頭手不發癢的小秘訣，那就是在削芋頭前，先將自己的一雙手放在食用醋中泡洗一下，這樣削生芋頭就不會有手發癢的困擾，但要注意的是，手上有傷口的人，不適用於這個小秘訣。

我來介紹

「店裡的招牌芋頭都是來自全省各地
品質最佳的芋頭，不但口感佳也含有
豐富的營養成分，因為盡心去做才能
提供顧客一碗這樣香Q爽
口的芋頭牛奶冰。」

老闆─李秋榮先生

因為好吃所以賺錢

芋頭大王

電話：(02) 2321-7649

地址：台北市永康街15號之4

每月營業額：約80萬元

美味
DIY

《《 材料

項　　目	所需份量	價　　格	備　　註
芋　　頭	1個	39元	芋頭的挑選以色澤較白者為佳
砂　　糖	製作芋頭時，糖與芋頭所放的比例為2：1	28元／斤	
煉　　乳	可依各人喜好添加	一罐約二十幾元	依品牌而有不同
奶水或牛奶	可依各人喜好添加		一般在大賣場即可買到

註：價格依一般超商所販售之小包裝為主

《《 前置處理

先將芋頭削好皮
備用，用清水及
菜瓜布將芋頭清
洗乾淨。

先將芋頭的頭尾
部切掉，再依同
等份將芋頭平均
切塊。切芋頭時
記得戴上手套，
以免手發癢。

❋ DIY小秘訣

　　蒸煮芋頭所使用的器具很
簡單，就是鍋子跟瓦斯爐而已。
一般人在家蒸煮芋頭，可準備
二個尺寸大小不同的鍋子或是電
鍋，依照上述的方式，當內鍋芋
頭已經快蒸熟時再加入砂糖，記
得在外鍋要一直維持水分，直到
內鍋的水完全蒸乾喔！

3

將切好的芋頭
塊，重疊平放在
內鍋中。

4

在裝有芋頭的內
鍋中注滿水。

5 在大鍋內注入適量的水，再將裝有芋頭的內鍋放進大鍋中，蓋上鍋蓋，開火準備蒸煮。在蒸煮的過程中外鍋需隨時地加水來維持蒸氣，直到裝有芋頭的內鍋裡頭的水分蒸乾為止。

6 當內鍋的芋頭已經蒸熱時，加入白糖，芋頭與白糖的比例是2比1。

7 繼續蒸煮，直到內鍋的水分完全蒸乾時，糖分便會均勻地滲進芋頭內，便可關火。

8 蒸煮好的乾芋頭成品，放著備用。

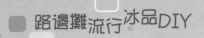

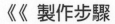《 製作步驟

1

將冰塊刨成適量的清冰。通常市面上有賣家用的小台挫冰機,或者到外面的冰店直接買清冰回家也是不錯的辦法。

2

在清冰上放入切好的芋頭塊,可以依照每個人喜歡口味,放上不同份量的芋頭。

3 淋上適量的煉乳。

4 再刨些許清冰在冰上。

5 淋上適量的奶水，即完成好吃的冰品。

6 完成後的芋頭牛奶冰成品。香Q滑嫩的芋頭，保證讓你一口接一口。

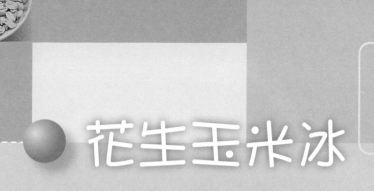

花生玉米冰

　　40年老店的悠久歷史，目前的負責人楊先生是第2代接班人。已經上了年紀當老太爺的楊伯伯，在多年之前原本從事和化妝品有關的百貨生意，不過由於經營的成果不如想像中順遂，因此轉行開始從事賣冰生意；而當初選擇冰品的動機也很簡單，想說怎麼樣都比鹹口味的食物容易掌握製作的功夫。當時楊伯伯跟一位叔公學了一陣子，就開始在西寧南路一帶做起生意，由於楊伯伯吃素的關係，所以只準備了五穀雜糧類如綠豆、紅豆和花生等材料，就這樣賣起四果冰來。

　　據說楊伯伯早期還將酸梅進一步改良加入冰品中，在當時算是頗另類的吧！漸漸的就在小冰攤受到老一輩的顧客歡迎，而擴大成店面營業，房東也因為跟楊伯伯是多年好友，所以他的房租也不會因為冰店生意好而暴漲。

　　從小在店上幫忙到大的楊先生，小時候一天到晚只能待在家裡幫忙父親的生意，就像每個小孩在年幼時，都會存在不耐煩與嚮往自由的念頭，亟欲證明個人實力之下，一開始楊先生從事電腦設計與維護的相關工作，大約在10年前才正式接手目前的店面，並且在生意如火如荼的受到廣大歡迎之時，時機巧合下租下隔壁店面，並且增加人手，同時他的大哥也在鄰近的昆明街一帶開設了同名分店，2人一起打下並奠定現今的不動江山。

我來介紹

「每天光是準備與烹煮材料，就可以花上一天的功夫，料好實在的冰品讓我拍著胸脯保證，絕對值回票價。」

老闆 楊煌偉

因為好吃所以賺錢

地址：台北市漢口街2段38、40號

電話：：（02）2375-2223

營業額：每月約150萬

美味DIY

《《 材料

材料：5人份

項　　目	所需份量	價　　格	備　　註
麥　　角	酌量	1包 / 30元	
花　　生	1包	約50元	依品牌而有不同
綠　　豆	1包	23元	依品牌而有不同
紅　　豆	1包	44元	依品牌而有不同
玉米罐頭	半罐	1罐	依品牌而有不同
芋　　頭	1顆	39元	
特級砂糖	酌量	1包 / 28元	
二級砂糖	酌量	1包 / 25元	
濃縮鮮奶罐頭	酌量	1公升 160～200元	
冰　　塊	酌量	自製	冰塊都是經由低溫殺菌製成，衛生健康

註：價格依一般超商所販售之小包裝為主

《《 前置處理

麥角

1. 將麥角洗淨泡水約2小時。

2. 加入約鍋深2/3的水，用大火煮滾約15分鐘左右（時間視份量多寡）。

3. 待水快收乾時趁熱加入特級砂糖攪拌即可。

4. 等麥角放涼後，放入冰箱冷藏備用。

紅豆

1. 將紅豆洗淨，泡水約2小時。

2. 加入約鍋深2/3的水，用大火煮滾約3個半小時（時間視份量多寡）。

3. 待水快收乾時趁熱拌入特級砂糖拌勻。

4. 等紅豆放涼後，放入冰箱冷藏備用。

綠豆

1. 將綠豆洗淨，泡水約2小時。

2. 加入約鍋深2/3的水，用大火煮滾約1個半小時（時間視份量多寡）。

3. 待水快收乾時趁熱加入特級砂糖攪拌即可。

4. 等綠豆放涼後，放入冰箱冷藏備用。

芋頭

1. 將芋頭削皮；洗淨、切小塊。

2. 加入約鍋深2/3的水，用大火煮滾約3小時左右（時間視份量多寡）。

3. 待水快收乾時趁熱加入特級砂糖攪拌即可。

4. 等芋頭放涼後，放入冰箱冷藏備用。

花生

1. 先將乾燥花生粒以人工或是機器脫去薄膜及黑點。

2. 洗淨後泡水2小時以上。

3. 加入約鍋深2/3的水，用大火悶煮約4各小時左右（時間視份量多寡）。待水快收乾時趁機加入特級砂糖攪拌即可。

4. 待花生湯汁的顏色變得白稠後，再加入特級砂糖調味，至水收乾。

5. 放涼約4小時後，冷藏備用。

玉米

視份量拌入特級砂糖調味。

❋ DIY小秘訣

◆ 花生要酥熟一定要煮到汁濃
稠時才可加糖。

◆ 加1小塊冬瓜精會讓糖水更
香甜。

糖水

1. 先將煮糖水的鍋子以中火加熱。

2. 倒入2號砂糖轉小火不停拌炒至糖出現香味（不可炒焦）。

3. 加入清水攪拌成糖水。

4. 加入少許的鹽，逼出糖的甜味。

5. 加入1小塊冬瓜精提味（會更香）。

6. 待糖水滾後，撈起浮在上面的泡沫（便糖水更清）。
   即完成香甜的獨門糖水了。

《《 製作步驟

7　將冰塊刨成剉冰。

② 依口味加上花生、紅豆、芋頭等等配料。

③ 澆上特製糖水及濃縮鮮奶。

④ 一盤香Q滑潤的花生玉米冰。

全台夜市吃透透

　　「民以食為天」、「吃飯皇帝大」，這些古早人流傳下來的「好習慣」，讓老饕們那裡有美食便往那裡走，於是乎逛逛充滿各種便宜又大碗的小吃夜市，便成為了我們休閒生活的重心。

　　人多的地方就有錢可以賺，夜市裡不但吃的東西多，周邊更聚集了許多服飾店、鞋店、百貨公司以及各類餐飲店，其中講求物美價廉的路邊攤，更是惹人注目的焦點。不管走到那一個夜市，總是能看到絡繹不絕的人潮，圍在攤位旁盡情地享受美食。

　　台灣是個美麗之島，也是美食的天堂，要了解台灣，不能不了解台灣的吃；要了解台灣的吃，就得從夜市的路邊攤著手！

基 隆 市

基隆廟口夜市

地點：仁三路和愛四路一帶

　　基隆夜市內的廟口小吃歷史悠久、遠近馳名，入夜之後總是人潮洶湧，有名的鼎邊趖、泡泡冰、營養三明治等，總是出現大排長龍的景象。

　　「廟口」係指位於奠濟宮附近的仁三路和愛四路的小吃攤。仁三路和愛四路兩條街上成L型，距離雖只有三、四百公尺左右，卻聚集了近二百個攤位；每位經營的老板巧心創作口味和料理，以料實價廉物美、色香味俱全的美食來吸引客，這也是廟口小吃遠近馳名的主要原因。

台 北 市

華西街觀光夜市

地點：廣州街至貴陽街華西街一帶

　　過去髒亂的華西街夜市經台北市政府規劃為觀光夜市後，煥然一新；懸吊式的宮燈、入口處的傳統宮殿式牌樓，更添增幾分氣派，成為國內、外觀光客必定造訪之地。

　　夜市集臺灣小吃大成，從山產到海產一應俱全，雞蛋蚵仔煎、赤肉羹、麻油雞、肉丸、炒螺肉、鱔魚麵、鼎邊銼、青蛙湯及去骨鵝肉等各式美味，應有盡有。又因靠近早期尋芳客密集地寶斗里，因此出現許多以去毒壯陽為號招的蛇店及鱉店，形成當地小吃的特色。

　　另外野趣十足的現場賣、國術館、健身房、江湖氣息十分濃厚的藥店，打拳賣藥、都是以野台秀起家，台灣俚語韻味有致，也是特色之一；捉蛇表演更是這裡的重頭戲，為觀光客的遊覽焦點。

士林夜市 ‧‧‧‧‧‧‧‧‧‧‧‧‧‧‧‧‧‧‧‧‧‧‧‧‧‧‧‧‧‧‧‧‧‧‧‧‧‧

地點：可分兩大部分，一是慈誠宮對面的市場小吃；一是以陽明戲院為中心，包括安平街、大東路、文林路圍成的區域。

　　士林夜市是臺北最著名、也最平民化的夜市去處，各式各樣的南北小吃、流行飾品與服裝，以價格低廉為號召，吸引大批遊客，溢散熱鬧滾滾的氣息。

　　老饕常會來此品嚐的著名的小吃，包括有：大餅包小餅、上海生煎包、大沙茶滷味、刀削麵、東山鴨頭、燒豬肉串、刨冰、天婦羅、廣東鮮粥、火鍋及野味等。

　　除了各種美食外，在大東路和各巷道一帶的服飾、皮鞋、皮包、休閒運動鞋和服裝、裝飾品、寢具和日用品等店鋪和路邊攤，琳琅滿目，更有不少現代哈日族的商品，只要是年輕人喜歡的東西，都可以買得到。

公館夜市 ‧‧‧‧‧‧‧‧‧‧‧‧‧‧‧‧‧‧‧‧‧‧‧‧‧‧‧‧‧‧‧‧‧‧‧‧‧‧

地點：羅斯福路、汀州路

　　公館夜市小吃，攤位多與一般台灣夜市雷同，不過位於東南亞戲院出口右邊的大腸麵線、龍潭豆花及紅豆餅，可是饕客們不可錯過的美食！各色各樣的食店，更可說是集台北市飲食之大成，不單有美式流行的快餐、速食店，還有中、西式餐廳，南洋口味的菜館。

　　除了吃的，公館還有許多唱片行、書店、咖啡館、眼鏡行、精品店、服飾店；這裡的夜市跟其他的夜市比較起來，多了一股不一樣書卷氣，和屬於年輕人及上班族的流行感。

饒河街夜市 ．．．．．．．．．．．．．．．．．．．．．．．

地點：西起八德路四段和撫遠街交叉口，東至八德路四段慈祐宮止，全長約五百五十公尺，寬十二公尺。

　　位於松山一帶的饒河街夜市為台北市第二條觀光夜市，從八德路、撫遠街交叉口至八德路的慈祐宮，直線式的規劃、整齊的攤位，賦予了饒河街夜市與士林夜市人潮匯流不同的經營方式。饒河街夜市是一條融合現代與傳統的文化大道，除了充斥著米粉湯、豬腳麵線、藥燉排骨、蚵仔麵線、牛雜麵、冰品攤等各式小吃外，各種日用百貨如服飾，皮鞋、時下年輕人喜愛的服飾及配件、電子小產品、布偶等亦物美價廉，此外還有民俗技藝表演及土產展售，稱呼饒河街夜市為另類的城市商業區也不為過，是一個值得全家夜間休閒的好去處。

遼寧街夜市 ．．．．．．．．．．．．．．．．．．．．．．．

地點：主要集中長安東路二段到朱崙街段

　　屬於較為小型的夜市，賣的東西多半以吃的為主，更以海鮮料理聞名，平均大約有20至30個攤位，著名的有鵝肉、海鮮、筒仔米糕、沙威瑪、蚵仔煎、滷味等，由於人潮的關係，使得遼寧街週邊巷道內也開設了許許多多很有特色的咖啡館與餐飲店，使得這一帶區域也有了「咖啡街」之稱。

通化街夜市 ．．．．．．．．．．．．．．．．．．．．．．．

地點：信義路四段與基隆路二段間

　　素有「小東區」之稱，夜市內的攤位與商家各佔一半，雖然不像士林夜市或饒河街夜市範圍寬廣，但其中著名的小吃卻是歷史久遠且令人垂涎，如紅花香腸、石家割包、胡家米粉湯以及當歸鴨麵線、鐵板燒、芋圓、愛玉冰，除了美食小吃之外，通化街夜市琳琅滿目、價廉物美的地攤商品，絕對會讓逛街的人不虛此行。

師大路夜市

地點：師大路兩旁

　　鄰近師範大學的師大路夜市，短短一的條街，除了小吃店外，還匯聚了許多的花店、書店及流行商品。這裡充滿了許多便宜大碗的學生料理；麵線、生炒花枝牛肉、滷味、冰品、牛肉麵......吸引了不少學生和情侶光臨，其中也不乏外國人士，相較於其他夜市，師大夜市更蒙上些許的異國色彩。由於位於學區附近，因此這一帶瀰漫著一股濃厚的人文氣息。

延平小吃

地點：迪化街與延平北路一帶

　　是台北昔日繁華熱鬧的地區，香火鼎盛的霞海城隍廟、歷史悠久的永樂市場及價格低廉的南北貨，促使人潮熙攘。在這　堛漱p吃也是為人津津樂道的，無論是油飯、魚丸、雞卷、旗魚米粉、炒螺肉，花枝......等，樣樣都是令人想品嚐的美味小吃。

新竹市

新竹城隍廟夜市

地點：以中山路城隍廟和法蓮寺廟前廣場爲中心

　　新竹城隍廟在清朝乾隆皇帝年間就已經建廟，但廟前廣場上有小吃攤位的集，據推測應該是台灣光復後才開始，所以城隍廟內老字號小攤大多有將近50年的歷史，因此吸引了很多人來這裡品嚐具有歷史滋味的小吃。　在城隍廟小吃攤位內賣的大多是新竹的傳統肉圓及貢丸湯，但除了這些傳統食物之外，潤餅、肉燥飯、魷魚羹及牛舌餅等皆具滋味，而位於東門街及中山路兩側的攤位，則販賣米粉、貢丸、香粉、花生醬等新竹特產，方便遊客採購。

台 中 市

中華路夜市 ....

地點：公園路、中華路、大誠街、興中街一帶

　　堪稱是台中市最大的夜市，沿著中華路分布著台灣小點心、潤餅、台中肉圓、肉粽、肉羹、米糕、米粉、當歸鴨、排骨酥、蚵仔麵線、蚵仔煎、炒花枝、壽司等許多小吃，還有蛇肉、鱉...等的另類小吃，想要享受不一樣的餐飲選擇，不妨來這裡逛逛；而公園路夜市，則集中銷售成衣、鞋襪及皮革用品。

忠孝路、大智路夜市 ....

地點：靠近中興大學一帶

　　氣勢雖不如中華路夜市熱絡，但聚集的小吃規模、小吃的口味種類與熱鬧更不亞於中華路夜市。從海產、山產、烤鴨、麵、飯、黑輪、冷飲、清粥、蚵仔麵線，樣樣可口美味。

東海別墅夜市 ....

地點：東海大學旁的東園巷和新興路一帶

　　這裡的店家大都是固定的，主要是供應餐飲，像是東山鴨頭、餃子館的酸辣湯和蓮心冰等，都相當的受歡迎。其次是服飾等生活用品店，再加上一些小型攤販，這裡就成了一個熱鬧的小型夜市。

逢甲夜市 ....

　　為滿足逢甲學生在食、衣、住、行、娛樂需要及順應學生消費能力，「價位便宜，應有盡有」便成為逢甲夜市一大特色；福星路、逢甲路除了一些攤位零星散布外，大多為大型店家聚集地，如書店、家具店、精品服飾、禮品、百貨批發店、中西日速食商餐、茶店等；而逢甲大學正門至福星路之間的文華路，則為小型店家、攤販密集區，也是晚間人潮集中最多的地段，販售各式小吃、衣服及飾品等。

地點：西屯路二段及西安街之間的福星路、逢甲路及文華路

台 南 市

武聖夜市 ....

地點：台南市北區和西區交界的武聖街

　　該夜市幾乎集合了府城流動攤販的精華，要解饞、吃飽，逛一趟武聖夜市，不難獲得滿足，除了傳統的蚵仔煎、炒花枝、炒鱔魚、鴨肉、肉圓、炒米粉、豬肝麵線等小吃，武聖夜市內還有牛排、日本料理、南洋美食、原住民石板烤肉等新興的美食。　除了飲食攤，服飾、飾品的攤位也不少，相當符合年輕人的流行喜好。

復華夜市 ....

地點：復國一路一帶

　　復華夜市前身為北屋社區內，沿復國一路路邊擺攤之夜市。營業日為每週二、五，攤販大致可分為百貨類、小吃類及遊樂類三大類。

小北夜市 ....

地點：西門路三段逛至育德路

　　小北夜市的前身是民族路夜市，　延續民族路夜市的特色，夜市中主要以台南傳統小吃聞名，像是有名的棺材板、鼎邊銼、鱔魚意麵、蝦卷、蚵仔煎等，都是道地的台南口味，另外像是香腸熟、沙魚肉等，則是在其他夜市中少有的食品。

嘉 義 市

文化路夜市 ....

地點：文化路一帶

　　嘉義夜市首推文化路最富盛名。每當華燈初上，白天是雙線車道的文化路轉眼成為熱鬧的行人專用道，各式各樣的熟食小吃大展身手，從中山路噴水圓環到垂陽路段，劃分為販賣衣服、小吃及水果攤三個區域。許多小吃已發展出具有歷史淵源及地方特色的風格，例如郭景成粿仔湯、噴水火雞肉飯、恩典方塊酥等，均是老饕客們值得一嚐的佳餚。

高 雄 市

六合路夜市 ....

地點：六合路一帶

　　走進六和路夜市不但能吃到台灣小吃，而且從「拉麵道」日本料理、「韓流來襲」韓國料理，到香味四溢墨西哥料理……應有盡有，滿足每一張挑剔的嘴；每天入夜後，車水馬龍熱鬧非凡，各種本地可口美食琳瑯滿目，經濟 實惠，國內外觀光客均慕名而來，知名度頗高，已被列為觀光夜市。

南華夜市 ....

地點：民生一路和中正路之間的南華路一帶

　　新興夜市早期原為攤販聚集處，隨著交通便利和火車站商圈的興起，餐飲、成衣聚集成市，形成現今的繁榮景象。沿街燈火輝煌，成衣業高度密集，物美價廉，是年輕人選購服裝的好去處。

花 蓮 市

南濱夜市 ....

地點：台十一線的路旁

　　此為花蓮規模最大之夜市，每天入夜後即燈火通明。這裡除了一般的小吃外，還有每客９０元的廉價牛排，以及其他地方看不到的露天卡拉ＯＫ、射箭、射飛鏢、套圈圈、撈金魚等現在已較少能看到的傳統夜市。

大禹街夜市 ....

地點：大禹街，位於中山路與一心路之間

　　大禹街是條頗具知名度的成衣街，它在花東地區而言，尚無出其左右者。由於以往蘇花公路採單向通

車管制，相當不便，到台北切貨，一趟來回至少要花個三、四天的時間。因此一些花東地區的零售商或民眾，寧願擠到大禹街來買。　此處所銷售的成衣，大部份以講究實用性的廉價商品居多。時尚、花俏或昂貴的衣飾，在這裡較乏人問津。

台 東 市

光明路夜市

地點：光明路

　這是台東最密集的一處，其中以煮湯肉圓最為有名，獨創新法，吸引顧客。

福建路夜市

地點：福建路

　福建路夜市，得近火車站之地利之便，販賣的東西種類繁多，尤以海鮮攤最具特色。

寶桑路夜市

地點：寶桑路

　寶桑路夜市的小吃以蘇天助素食麵是台東素食飲食店中口碑最好的一家，以材料道地、湯味十足著稱。

四維路臨時攤販中心

地點：位於正氣街、光明路與復興路之間

　四維路臨時攤販中心，販賣的東西很多，無所不包。

大都會文化事業圖書目錄

直接向本公司訂購任一書籍，一律八折優待（特價品不再打折）

度小月系列
路邊攤賺大錢1【搶錢篇】 定價**280**元
路邊攤賺大錢2【奇蹟篇】 定價**280**元
路邊攤賺大錢3【致富篇】 定價**280**元
路邊攤賺大錢4【飾品配件篇】 定價**280**元
路邊攤賺大錢5【清涼美食篇】 定價**280**元
路邊攤賺大錢6【異國美食篇】 定價**280**元
路邊攤賺大錢7【元氣早餐篇】 定價**280**元
路邊攤賺大錢8【養生進補篇】 定價**280**元
路邊攤賺大錢9【加盟篇】 定價**280**元
路邊攤賺大錢10【中部篇】 定價**280**元

DIY系列
路邊攤美食DIY 定價**220**元
嚴選台灣小吃DIY 定價**220**元
路邊攤超人氣小吃DIY 定價**220**元
路邊攤紅不讓美食DIY 定價**220**元

流行瘋系列
跟著偶像ㄈUN韓假 定價**260**元
女人百分百──男人心中的最愛 定價**180**元
哈利波特魔法學院 定價**160**元
韓式愛美大作戰 定價**240**元
下一個偶像就是你 定價**180**元

生活大師系列
遠離過敏：打造健康的居家環境 定價**280**元
這樣泡澡最健康──
　　紓壓、排毒、瘦身三部曲 定價**220**元
兩岸用語快譯通 定價**220**元
台灣珍奇廟──發財開運祈福路 定價**280**元
魅力野溪溫泉大發見 定價**260**元
寵愛你的肌膚──從手工香皂開始 定價**260**元

寵物當家系列
Smart養狗寶典 定價**380**元
Smart養貓寶典 定價**380**元
貓咪玩具魔法DIY──
　　讓牠快樂起舞的55種方法 定價**220**元
愛犬造型魔法書──
　　讓你的寶貝漂亮一下 定價**260**元

人物系列
現代灰姑娘 定價**199**元
黛安娜傳 定價**360**元
殤逝的英格蘭玫瑰 定價**260**元
優雅與狂野──威廉王子 定價**260**元
走出城堡的王子 定價**160**元
貝克漢與維多利亞 定價**280**元
瑪丹娜──流行天后的真實畫像 定價**280**元
從石油田到白宮──小布希的崛起之路 定價**280**元
風華再現──金庸傳 定價**260**元
紅塵歲月──三毛的生命戀歌 定價**250**元
船上的365天 定價**360**元
她從海上來──張愛玲情愛傳奇 定價**250**元
俠骨柔情──古龍的今世今生 定價**250**元

SUCCESS系列
七大狂銷戰略 定價**220**元

心靈特區系列
每一片刻都是重生 定價**220**元

禮物書系列
印象花園-梵谷 定價**160**元
印象花園-莫內 定價**160**元
印象花園-高更 定價**160**元
印象花園-竇加 定價**160**元
印象花園-雷諾瓦 定價**160**元
印象花園-大衛 定價**160**元
印象花園-畢卡索 定價**160**元
印象花園-達文西 定價**160**元
印象花園-米開朗基羅 定價**160**元
印象花園-拉斐爾 定價**160**元
印象花園-林布蘭特 定價**160**元
印象花園-米勒 定價**160**元
絮語說相思 情有獨鍾 定價**200**元

精緻生活系列
別懷疑，我就是馬克大夫 定價**200**元
愛情詭話 定價**170**元
唉呀！真尷尬 定價**200**元
另類費洛蒙 定價**180**元
女人窺心事 定價**120**元
花落 定價**180**元

工商企管系列

二十一世紀新工作浪潮 定價**200**元
美術工作者設計生涯轉轉彎 定價**200**元
攝影工作者快門生涯轉轉彎 定價**200**元
企劃工作者動腦生涯轉轉彎 定價**220**元
電腦工作者滑鼠生涯轉轉彎 定價**200**元
打開視窗說亮話 定價**200**元
挑戰極限 定價**320**元
化危機為轉機 定價**200**元
30分鐘教你提昇溝通技巧 定價**110**元
30分鐘教你自我腦內革命 定價**110**元
30分鐘教你樹立優質形象 定價**110**元
30分鐘教你錢多事少離家近 定價**110**元
30分鐘教你創造自我價值 定價**110**元
30分鐘教你**Smart**解決難題 定價**110**元
30分鐘教你如何激勵部屬 定價**110**元
30分鐘教你掌握優勢談判 定價**110**元

30分鐘教你如何快速致富 定價**110**元
30分鐘系列行動管理學科（全套九本）......... 定價**990**元
　　　（特價799元，加贈精裝行動管理手札一本）

兒童安全系列

兒童完全自救寶盒
（五書+五卡+四卷錄影帶）...................... 定價**3,490**元
　　　　　　　　　　　　　（特價：2,490元）

兒童完全自救手冊-爸爸媽媽不在家時
兒童完全自救手冊-上學和放學途中
兒童完全自救手冊-獨自出門
兒童完全自救手冊-急救方法
兒童完全自救手冊-急救方法・危機處理備忘錄

語言工具系列

NEC新觀念美語教室.......................... 定價**12,450**元
　　　　　　　　　　　　　（特價：9,960元）

您可以採用下列簡便的訂購方式：

● 請向全國鄰近之各大書局選購
● 劃撥訂購：請直接至郵局劃撥付款。
　帳號：14050529
　戶名：大都會文化事業有限公司
　　　　（請於劃撥單背面通訊欄註明欲購書名及數量）
● 信用卡訂購：請填妥下面個人資料與訂購單
　　　　　　　（放大後傳真至本公司）
　讀者服務熱線：(02) 27235216（代表號）
　讀者傳真熱線：(02) 27235220
　　　　　　　（24小時開放請多加利用）

團體訂購，另有優惠！

信用卡專用訂購單

我要購買以下書籍：

書　　　名	單　價	數　量	合　計

總共：＿＿＿＿＿＿本書＿＿＿＿＿元
　　　（訂購金額未滿500元以上，請加掛號費50元）

信用卡號：＿＿＿＿＿＿＿＿＿＿＿＿＿＿＿＿

信用卡有效期限：西元＿＿＿＿年＿＿＿月

信用卡持有人簽名：＿＿＿＿＿＿＿＿＿＿＿（簽名請與信用卡上同）

信用卡別：□VISA □Master □AE □JCB □聯合信用卡

姓名：＿＿＿＿＿＿＿＿　性別：＿＿＿＿＿

出生年月日：＿＿＿年＿＿月＿＿日 職業：＿＿＿＿＿

電話：(H)＿＿＿＿＿＿＿　(O)＿＿＿＿＿＿

傳真：＿＿＿＿＿＿＿＿＿＿＿＿＿＿＿＿＿

寄書地址：□□□＿＿＿＿＿＿＿＿＿＿＿＿

e-mail：＿＿＿＿＿＿＿＿＿＿＿＿＿＿＿＿

國家圖書館出版品預行編目資料

路邊攤流行冰品DIY / 大都會文化編輯部 著
－－ －－ 初版 －－ －－
臺北市：大都會文化，2004〔民93〕
面；公分. －－ －－（DIY系列；5）
ISBN 986-7651-20-0（平裝）
　　　　　　1.冷飲
427.46　　　　　　　　　93011351

作　　者　　大都會文化 編輯部
發 行 人　　林敬彬
主　　編　　楊安瑜
美術編輯　　像素設計 劉濬安
封面設計　　像素設計 劉濬安

出　　版　　大都會文化 行政院新聞北市業字第89號
發　　行　　大都會文化事業有限公司
　　　　　　110台北市基隆路一段432號4樓之9
　　　　　　讀者服務專線：（02）27235216
　　　　　　讀者服務傳真：（02）27235220
　　　　　　電子郵件信箱：metro@ms21.hinet.net
郵政劃撥　　14050529　大都會文化事業有限公司
出版日期　　2004年7月初版第一刷
定　　價　　220元
I S B N　　986-7651-20-0
書　　號　　DIY-005

Printed in Taiwan

《路邊攤流行冰品DIY》

北 區 郵 政 管 理 局
登記證北台字第9125號
免 貼 郵 票

大都會文化事業有限公司
讀者服務部收

110 台北市基隆路一段432號4樓之9

大都會文化 讀者服務卡

書號：DIY-005　　路邊攤流行冰品DIY

謝謝您選擇了這本書！期待您的支持與建議，讓我們能有更多聯繫與互動的機會。日後您將可不定期收到本公司的
　新書資訊及特惠活動訊息，若直接向本公司訂購（含新書）將可享八折優待。

A. 您在何時購得本書：_____年_____月_____日

B. 您在何處購得本書：_____書店，位於_____(市、縣)

C. 您購買本書的動機：（可複選）1.□對主題或內容感興趣 2.□工作需要 3.□生活需要 4.□自我進修 5.□內容為流行熱門話題
　6.□其他_____

D. 您最喜歡本書的：（可複選）1.□內容題材 2.□字體大小 3.□翻譯文筆 4.□封面 5.□編排方式 6.□其它_____

E. 您認為本書的封面：1.□非常出色 2.□普通 3.□毫不起眼 4.□其他_____

F. 您認為本書的編排：1.□非常出色 2.□普通 3.□毫不起眼 4.□其他_____

G. 您有買過本出版社所發行的「路邊攤賺大錢」一系列的書嗎？1.□有 2.□無（答無者請跳答J）

H. 「路邊攤賺大錢」系列與「路邊攤流行冰品DIY」這兩類書，整體而言，您比較喜歡哪一類？1.□ 路邊攤賺大錢系列 2.□ 路
　邊攤流行冰品DIY

I. 請簡述上一題答案的原因：_____
_____

J. 您希望我們出版哪類書籍：（可複選）1.□旅遊 2.□流行文化 3.□生活休閒 4.□美容保養 5.□散文小品 6.□科學新知
　7.□藝術音樂 8.□致富理財 9.□工商企管 10.□科幻推理 11.□史哲類 12.□勵志傳記 13.□電影小說
　14.□語言學習（____ 語）15.□幽默諧趣 16.□其他_____

K. 您對本書(系)的建議：_____
_____

L. 您對本出版社的建議：_____
_____

讀 者 小 檔 案

姓名：_____　　別：□男 □女　　生日：_____年_____月_____日

年齡：□20歲以下 □21～30歲 □31～50歲 □51歲以上

職業：1.□學生 2.□軍公教 3.□大眾傳播 4.□ 服務業 5.□金融業 6.□製造業 7.□資訊業 8.□自由業 9.□家管 10.□退休
　11.□其他_____

學歷：□ 國小或以下 □ 國中 □ 高中／高職 □ 大學／大專 □ 研究所以上

通訊地址：_____

電話：（H）_____（O）_____　　傳真：_____

行 電話：_____　　E-Mail：_____

DIY 系列

DIY系列